BEI GRIN MACHT SICH IHR WISSEN BEZAHLT

- Wir veröffentlichen Ihre Hausarbeit, Bachelor- und Masterarbeit

- Ihr eigenes eBook und Buch - weltweit in allen wichtigen Shops

- Verdienen Sie an jedem Verkauf

Jetzt bei www.GRIN.com hochladen und kostenlos publizieren

Sonja Kellner

Gesunde Ernährung: gesunder Pausensnack

GRIN Verlag

Bibliografische Information der Deutschen Nationalbibliothek:

Die Deutsche Bibliothek verzeichnet diese Publikation in der Deutschen National-
bibliografie; detaillierte bibliografische Daten sind im Internet über http://dnb.d-
nb.de/ abrufbar.

Impressum:

Copyright © 2009 GRIN Verlag, Open Publishing GmbH
Druck und Bindung: Books on Demand GmbH, Norderstedt Germany
ISBN: 978-3-640-84050-2

Dieses Buch bei GRIN:

http://www.grin.com/de/e-book/167389/gesunde-ernaehrung-gesunder-pausensnack

Unterrichtsreihe:	**Gesunde Ernährung: Planung und Organisation der Aktion „gesunder Pausensnack", zur Sensibilisierung für ein gesundes Essverhalten**
Thema der Stunde:	**Planung der Aktion „gesunder Pausensnack" Teil 2: Ausfüllen der Notierhilfe und Erstellung eines Plakats**
Klasse:	HG (Berufsgrundschuljahr)
Fach	Gesundheit-Ernährung-Erziehung
Raum:	B 019
Datum:	Mittwoch, 09.06.2010
Zeit:	10.30 - 11.15 Uhr
Lehrerin:	Frau Sonja Kellner
Schulleiter:	

1. **Didaktische und methodische Schwerpunkte**

Die Klasse HG besteht aus 13 Schülerinnen und 12 Schülern[1]. Das Fach GEE wird in diesem Jahr einstündig unterrichtet, aus gegebenem Anlass werden im diesem Halbjahr anteilig Stunden aus dem Sportunterricht hinzu genommen. Der Unterricht orientiert sich an der didaktischen Jahresplanung der Bildungsgangkonferenz, die für das Fach „Gesundheit-Ernährung-Erziehung" entwickelt wurde.

In dieser Unterrichtsreihe liegt der Schwerpunkt auf der Organisation der Aktion „gesunder Pausensnack" bei dem die Schüler selbst zubereitete kleine Pausensnacks vorbereiten und verkaufen sollen.

Die Schwerpunktsetzung findet sich auch in der Formulierung der Unterrichtsreihe wieder: „Gesunde Ernährung: Planung und Organisation der Aktion „gesunder Pausensnack, zur Sensibilisierung für ein gesundes Essverhalten". In dieser Unterrichtseinheit sollen die Schüler zunächst lernen gesunde von ungesunder Ernährung zu unterscheiden. Zu Beginn der Unterrichtsreihe haben die Schüler ihr tägliches Essverhalten eine Woche dokumentiert und anschließend im Plenum reflektiert. Die Reflektionsphase der persönlichen Essgewohnheiten wurde mit der Ernährungspyramide der Deutschen Gesellschaft für Ernährung (DGE) verglichen und ausgewertet. Außerdem haben die Schüler analysiert, in welchen Phasen oder Situationen sie evtl. mehr gegessen bzw. sich „ungesünder" ernährt haben. Hier konnten sie herausarbeiten, dass die Essgewohnheiten von verschiedenen Faktoren wie z.B. von Familiegewohnheiten, Gefühlen und Stimmungen abhängig sind. Weiterhin wurden Indikatoren (Body-Mass-Index) für ein evtl. falsches Essverhalten wie Unter- und Übergewicht herausgearbeitet und reflektiert. In diesem Zusammenhang haben die Schüler den Zusammenhang zwischen der Energiezufuhr und Energieverbrennung wahrgenommen. Diese Erkenntnis hilft im weiteren Vorgehen im Sinne der Sensibilisierung eines gesünderen Essverhaltens.

---

[1] Im weiteren Verlauf des Entwurfs wird auf die weibliche Sprachform verzichtet, wenn sowohl Schülerinnen als auch Schüler gemeint sind. Hiermit soll die Lesbarkeit erleichtert werden.

Ziel der Unterrichtsstunde ist das Planen und Organisieren einer Aktion mit selbst zubereiteten kleineren Snacks. Die Schüler sollen erkennen, wie einfach man kleinere gesündere Snacks herstellen kann. Gleichzeitig müssen hier einfache Aspekte aus dem kaufmännischen Bereich wie z.B. Kostenkalkulation, Umsatz und Gewinn sowie organisatorische Fragen berücksichtigt werden.

Die Klasse wurde zunächst in vier verschiedene Gruppen eingeteilt. Die Themen der Gruppen orientieren sich an den wichtigsten Bereichen der Ernährungspyramide der DGE wie Getränken, Obst- und Gemüseprodukten, Getreideprodukten sowie Milcherzeugnissen. Die Gruppen wurden nach Neigung eingeteilt. Um die Gruppenarbeit strukturierter zu gestalten, wurden mit Hilfe von Karten die Rollen des Moderators, Zeitnehmers, Lautstärkenreglers und Schriftführers verteilt. Da es mehr Gruppenmitglieder als Rollen gab, wurden einige Rollen doppelt vergeben. Das Unterrichtsvorhaben der heutigen Stunde lautet: „Planung der Aktion gesunder Pausensnack; Ausfüllen der Notierhilfe und Erstellung eines Plakats".

In der letzten Stunde wurden die Planung und das Vorhaben der Aktion im Plenum kurz besprochen, danach sichteten die Schüler die gestellten Informationsmaterialien und einigten sich auf Snacks die sie zum Kauf anbieten. In dieser Stunde haben einige Gruppen Schwierigkeiten gehabt, die Organisation des Verkaufs zu strukturieren, aus diesem Grund erhalten diese Gruppen nun eine „Planungshilfe zum Verkauf" (A3). Durch diese Unterstützung lässt sich die Planung schneller aufarbeiten. In der heutigen Stunde sollen die Schüler die vorgefertigte Notierhilfe ausfüllen und beginnen das Plakat zu erstellen. Das Plakat dient zum einen zur Unterstützung des Verkaufs, zum anderen soll es aber auch wichtige Informationen bezüglich der gesunden Ernährung enthalten.

In der nächsten Doppelstunde müssen die Schüler ihr Plakat fertig stellen und die Planung des Verkaufs abschließen. Das Ergebnis der nächsten Stunde sollte sein, dass die Aufgaben für die Vorbereitung und den Verkauf klar verteilt sind, und eine Preisliste sowie ein fertiges Informationsplakat vorliegen.

Die Unterrichtsreihe ist durch einen Zeitplan für die Schüler übersichtlich strukturiert, um so das selbstständige Arbeiten zu unterstützen.

2. Ziele und Kompetenzen

Stundenziel

Die Schüler können entsprechende Informationen, die zur Unterstützung des Verkaufs von gesunden Pausensnacks von Bedeutung sind, herausarbeiten.

Förderung der...

2.2.1 Fachkompetenz

Zu Beginn der Unterrichtsreihe haben die Schüler wenige Kenntnisse über ein gesundes Essverhalten. In den bisherigen Stunden konnten die Schüler zum einen das eigene Essverhalten reflektieren und Situationen herausstellen, die das Essverhalten beeinflussen. Zum anderen lernten die Schüler die eigenen Essgewohnheiten dem idealen gesunden Essverhalten gegenüberzustellen und mögliche Konsequenzen zu erkennen. In der heutigen Stunde sollen die Schüler ihrem Produktbereich entsprechend das Mengenverhältnis und die für den Körper benötigten Nahrungsbestandteile herausarbeiten und ihre Funktion beschreiben. Sie sollen die erhaltenen Informationen so reduzieren, dass sie relevante von weniger wichtigen Informationen unterscheiden und dies auf einem Infoplakat festhalten.

In den folgenden Stunden werden diese Kenntnisse vertieft, in dem die Infostände während des Verkaufs für die anderen Gruppen wie eine Art Info- Marktplatz dienen.

2.2.2 Methodenkompetenz

Zu Beginn der Unterrichtsreihe haben die Schüler kaum Erfahrung mit der Planung und Organisation eines Verkaufsprojektes. Im Bereich des selbstständigen Arbeitens mit Texten bestehen Schwierigkeiten.

In der heutigen Stunde sollen die Schüler mit Hilfe einer Notierhilfe ihren Teil der Aktion durchplanen. Anschließend soll ein Plakat zur Unterstützung des Verkaufs ihrer ausgewählten Produkte erstellt werden.

In den folgenden Stunden sollen die Schüler weiter am Plakat arbeiten und die Aktion „gesunder Pausensnack" soweit fertig gestellt haben, dass sie ihre selbst zubereiteten gesunden Snacks verkaufen können.

2.2.3 Sozialkompetenz

Zu Beginn der Unterrichtsreihe kennen die Schüler bereits das Arbeiten in Kleingruppen.

Im Verlauf der Unterrichtsreihe lernen die Schüler, die Rollen in der Gruppe besser zu strukturieren. In der heutigen Stunde lernen die Schüler weiterhin darauf zu achten, genaue Rollen in der Gruppe einzuhalten und somit Verantwortlichkeiten zu übernehmen. In den folgenden Stunden wird auch weiterhin auf das Einhalten der Rollen in der Gruppe geachtet, um so eine effektivere Lernleistung und Arbeitsweise zu erzielen. Jeder Schüler hat so seine Bedeutung in der Gruppe.

3. Synoptische Darstellung der geplanten Lehr-/Lernprozesse

Phase	Handlungsschritte	Handlungsmuster / Sozialformen	Medien	Anlage
Einstieg	• Begrüßung • Festlegung des Stundenziels	Klassenverband	Arbeits-aufträge Infotexte Zeitlicher Ablauf	A3 A5
Erarbeitungs-phase I	• Schüler sollen in ihrer Gruppen die Notierhilfe zu ihrem Produktbereich ausfüllen	4 x 6er- Gruppen	Arbeits-aufträge Infotexte Notierhilfe	A4 A2
Erarbeitungs-phase II	• Beginn mit der Erstellung des Plakats	4 x 6er- Gruppen	Plakate Scheren Kleber Notierhilfen	A2
Abschluss-reflexion	• Gemeinsame Erläuterung	4x 6er –Gruppen	Notierhilfen Plakate	A2

4. Literatur

📖 Gesund ernähren. Hrsg.: BKK, 2004.

📖 Echt lecker! Alternativen zum Fast Food. Hrsg.: DAK, Hamburg. www.dak.de

📖 Gut drauf. Ein Projekt der Bundeszentrale für gesundheitliche Aufklärung, Hrsg.: BZgA, Köln, 2006.

📖 Fit- Food. Einfach richtig essen. Die Bausteine der gesunden Ernährung. Hrsg.: DAK, Hamburg. www.dak.de

5. Anlagen

Anlage 1: Reihenplanung

Anlage 2: Notierhilfe

Anlage 3: Planungshilfe Verkauf

Anlage 4: exemplarischer Arbeitsauftrag

Anlage 5: zeitlicher Ablauf der Unterrichtsreihe

Thema der Unterrichtsreihe:

Gesunde Ernährung: Planung und Organisation der Aktion „gesunder Pausensnack", zur Sensibilisierung für ein gesundes Essverhalten.

Stunde	Thema
1.	Reflektion des eigenen Essverhaltens zur Förderung eines Gesundheitsbewussten Verhaltens
2./3.	Darstellung und Analyse der Ernährungspyramide als Beispiel einer ausgewogenen Ernährung zur Förderung eines Gesundheitsbewussten Verhaltens.
4.	Planung der Aktion „gesunder Pausensnack" Teil 1: Sichtung der Materialien und Organisation der Gruppe
5.	**Planung der Aktion „gesunder Pausensnack" Teil 2: Ausfüllen der Notierhilfe und Erstellung eines Plakats**
6./7.	Planung der Aktion „gesunder Pausensnack" Teil 3: Fertigstellung der Plakate
8./9./10./ 11.	Durchführung der Aktion „gesunder Pausensnack
12.	Reflexion der Eindrücke und Ergebnisse der Aktion „gesunder Pausensnack"

Fach: GEE Klasse: HG Datum:	Thema: Aktion: „Gesunder Pausensnack"	

Notierhilfe

⊥ Stellenwert des Produktbereiches in der Ernährungspyramide
  Wie viel soll ich am Tag davon essen?

⊥ Nahrungsbestandteile/ Inhaltsstoffe

⊥ Diese Nahrungsbestandteile sind wichtig für…..

⊥ **Sonstiges:**

| Fach: GEE
Klasse: HG
Datum: | Thema:
Aktion: „Gesunder Pausensnack" | |

Planungshilfe Verkauf

Produkt 1:
Kosten pro Stück:

Preisberechnung:

Benötigte Lebensmittel:

Sonstiges Material:

Küchenhilfsmittel zur Zubereitung:

Vorbereitungs- bzw. Zubereitungszeit:

Produkt 2:
Kosten pro Stück:

Preisberechnung:

Benötigte Lebensmittel:

Sonstiges Material:

Küchenhilfsmittel zur Zubereitung:

Vorbereitungs- bzw. Zubereitungszeit:

Einkäufer:

1.
2.
3.
4.
5.
6.

Fach: GEE Klasse: HG Datum: 02.06.2010	Thema: Aktion: „gesunder Pausensnack"	

Verkauf von selbst zubereiteten „Milchprodukten"
am 16.06. und 23.06.2010

Arbeitsauftrag:

🏳 Ziel ist es, 2 Pausensnacks zu verkaufen, die im Rahmen einer gesunden Ernährung wichtig sind!

- Legen Sie in der Gruppe 2 Produkte fest, die Sie verkaufen möchten!
- Bestimmen Sie den Preis so, dass Sie einen kleinen Gewinn erzielen!
- Berücksichtigen Sie dabei die Kosten für die Beschaffung der Lebensmittel und der sonstigen Materialien (Becher, Löffel usw.)

📄 Erstellen Sie ein Plakat, welches den Verkauf von **„Milchprodukten"** unterstützt!

💻 Sie dürfen zusätzlich Informationen und Bilder aus dem Internet verwenden!

EA - Phase

✍ Lesen Sie die Informationsmaterialien zu dem Thema **„Milchprodukte"**!

✏ Notieren Sie sich zunächst die wichtigsten Informationen!

GA - Phase

Besprechen Sie in der Gruppe, welche Informationen für die Mitschülerinnen und Mitschüler des EGB' s wichtig sind!

✦ Berücksichtigen Sie folgende Punkte:

- Stellenwert (Menge) der **„Milchprodukte"** in der Ernährungspyramide
- Nahrungsbestandteile/ Inhaltsstoffe
- Die Nahrungsbestandteile sind wichtig für….
- Bilder zur besseren Veranschaulichung

✏ Benutzen Sie die **Notierhilfe!**

Zeitlicher Ablauf

- ❖ 02.06.2010 ▸45 Minuten
  = Sichtung der Materialien (EA)
- ❖ 09.06.2010 ▸45 Minuten
  = Ausfüllen der Notierhilfe, Erstellung des Plakats (GA)
- ❖ 10.06.2010 ▸90 Minuten
  = Fertigstellung des Plakats und der Preisliste, Organisation des Verkaufs soweit nicht schon vorhanden (GA)

- ❖ 16.06. 2010 ▸105 Minuten
  Gruppe: Milchprodukte und Brot/ Getreide
  - 4. Std.   Vorbereitung
  - 2. Pause   Verkauf
  - 5 Std.   Rückbau
- ❖ 23.06. 2010 ▸105 Minuten
  Gruppe: Obst/ Gemüse und Getränke
  - 4. Std.   Vorbereitung
  - 2. Pause   Verkauf
  - 5 Std.   Rückbau

- ❖ Abschließende Reflexion des Aktionsverkauf und Auswertung der Ergebnisse ▸90 Minuten